JIAN ZHU FENG JING SU XIE

建筑风景速写

孟鸣 张丽 柳涛 编著

辽宁美术出版社

图书在版编目（ＣＩＰ）数据

建筑风景速写 ／ 孟鸣，张丽，柳涛编著. —— 沈阳：辽宁美术出
版社，2008.1（2015.11重印）
　ISBN 978-7-5314-3990-5

　Ⅰ．①建… Ⅱ．①孟…②张…③柳… Ⅲ．建筑艺术-风景
画-速写-技法（美术） Ⅳ．TU204

中国版本图书馆CIP数据核字（2008）第010293号

出 版 者：辽宁美术出版社
地　　 址：沈阳市和平区民族北街29号　邮编：110001
发 行 者：辽宁美术出版社
印 刷 者：沈阳华厦印刷有限公司
开　　 本：889mm×1194mm　1/16
印　　 张：5
字　　 数：30千字
出版时间：2008年1月第1版
印刷时间：2015年11月第5次印刷
责任编辑：侯维佳　光　辉
封面设计：林　枫
版式设计：侯维佳
责任校对：张亚迪
ISBN 978-7-5314-3990-5
定　　 价：30.00元

邮购部电话：024-83833008
E-mail：lnmscbs@163.com
http://www.lnmscbs.com
图书如有印装质量问题请与出版部联系调换
出版部电话：024-23835227

21世纪全国普通高等院校美术·艺术设计专业
"十二五"精品课程规划教材

序 >>

当我们把美术院校所进行的美术教育当做当代文化景观的一部分时，就不难发现，美术教育如果也能呈现或继续保持良性发展的话，则非要"约束"和"开放"并行不可。所谓约束，指的是从经典出发再造经典，而不是一味地兼收并蓄；开放，则意味着学习研究所必须具备的眼界和姿态。这看似矛盾的两面，其实一起推动着我们的美术教育向着良性和深入演化发展。这里，我们所说的美术教育其实有两个方面的含义：其一，技能的承袭和创造，这可以说是我国现有的教育体制和教学内容的主要部分；其二，则是建立在美学意义上对所谓艺术人生的把握和度量，在学习艺术的规律性技能的同时获得思维的解放，在思维解放的同时求得空前的创造力。由于众所周知的原因，我们的教育往往以前者为主，这并没有错，只是我们更需要做的一方面是将技能性课程进行系统化、当代化的转换；另一方面需要将艺术思维、设计理念等这些由"虚"而"实"体现艺术教育的精髓的东西，融入我们的日常教学和艺术体验之中。

在本套丛书实施以前，出于对美术教育和学生负责的考虑，我们做了一些调查，从中发现，那些内容简单、资料匮乏的图书与少量新颖但专业却难成系统的图书共同占据了学生的阅读视野。而且有意思的是，同一个教师在同一个专业所上的同一门课中，所选用的教材也是五花八门、良莠不齐，由于教师的教学意图难以通过书面教材得以彻底贯彻，因而直接影响到教学质量。

学生的审美和艺术观还没有成熟，再加上缺少统一的专业教材引导，上述情况就很难避免。正是在这个背景下，我们在坚持遵循中国传统基础教育与内涵和训练好扎实绘画（当然也包括设计摄影）基本功的同时，向国外先进国家学习借鉴科学的并且灵活的教学方法、教学理念以及对专业学科深入而精微的研究态度，辽宁美术出版社会同全国各院校组织专家学者和富有教学经验的精英教师联合编撰出版了《21世纪全国普通高等院校美术·艺术设计专业"十二五"精品课程规划教材》。教材是无度当中的"度"，也是各位专家长年艺术实践和教学经验所凝聚而成的"闪光点"，从这个"点"出发，相信受益者可以到达他们想要抵达的地方。规范性、专业性、前瞻性的教材能起到指路的作用，能使使用者不浪费精力，直取所需要的艺术核心。从这个意义上说，这套教材在国内还是具有填补空白的意义。

21世纪全国普通高等院校美术·艺术设计专业"十二五"精品课程规划教材编委会

目录 contents

概 述
OUTLINE

速写的主要作用是以最快捷、最简洁朴实的方式生动而准确地捕捉形象，很少有人将它作为一门独立的艺术形式存在，然而，速写作为艺术创作的语言媒介，对创作的成败以及造型语言的形成发挥着重要的作用。综观绘画发展的历史，无数精美的速写作品不亚于其他的艺术门类，它是画家的心灵之作，是创作的第一源泉，是第一感觉的产物。

建筑速写对于设计师具有极其重要的意义，与绘画速写一样，它能提高设计师对建筑形象的观察能力、概括和提炼的能力，大量的建筑速写的练习使设计师能够以最快的时间把握建筑形象特征，掌握建筑造型的规律、建筑物以及主体与客体之间的形体比例，通过作者的主观概括和取舍，以夸张、变形的手法，更好地运用到创作中去。另外，建筑速写练习有助于提高绘画语汇的表现能力，这也是设计师个性语言的重要特征标志，熟练掌握各种表现技巧，有助于体现出设计师的创意，更好地表达出设计师的表现语汇。

作为绘画造型的一门基本功的训练，建筑速写是掌握造型基本功的重要手段，它体现在严谨的形体结构、透视、比例以及合理的构图和画面的经营取舍等，通过这些造型的训练使设计师的造型能力得到进一步的提高。它同时展示着画家最直接的艺术感受，是艺术家修养的集中体现。随着造型能力的进一步掌握，对于造型的要求会不再满足于准确的如实描绘的层面上，更重要的则是把握作者的思想和作品的艺术感染力，大量的速写练习可以使建筑师具备更加敏锐的观察力，不断从生活中搜集创作素材，更好地表达设计思想。可以说，建筑速写是作为绘画基础和设计基础不可缺少的课程之一。

本书以建筑风景速写的几种形式语言为切入点，结合优秀大师的作品，以章节为单位，从观察过程、观察方法、观察思路去理解；从绘画技巧、构图规律作进一步的解析；从空间构成、整体与局部的关系以及建筑速写的几种表现形式都做了详尽的说明，针对视觉艺术特点和学生入门以及艺术创作的需要，确保图文并茂，浅显易懂，成为学生学习和借鉴的良好助手。从这些作品中我们可以看出，建筑速写不仅是作为基础训练的过程，更重要的是一门独立的绘画形式，它有着独特的艺术审美价值，同样给我们以美的陶冶和启迪。艺术学习和研究的领域没有绝对的路径，自我表达和个人体验才是我们学习和进步的重要方法，学习的目的不是为了更好地去模仿，更重要的是使学生更好地认识自己的个性，努力挖掘并充分发挥每个人的才智和天赋。

第 1 章

建筑风景速写
基础知识

本章要点
- 建筑风景速写概述
- 建筑风景速写媒介与技法实例

第一节　建筑风景速写概述

除原始自然之外，建筑作为地球上最大的造型空间，见证着人类的文明发展过程、科学技术进程和艺术文化发展历程等。自原始社会人类简陋的住所发展到当今各种风格迥异的建筑流派，它凝聚着人类的智慧思想以及世界各国不同地区民族的文化内涵、宗教信仰、意识形态、审美习惯等。作为众多造型技法中的建筑风景速写，便以建筑为主题造型语言要素，进行描绘、研究与探讨。它会即兴地为人类创造出更多的辉煌灿烂、形态各异的建筑形象。

在造型艺术中，建筑风景速写作为一种独立的艺术表现形式，以其简练、方便、快捷的独有特点，为视觉造型门类夯实了基础。众所周知，西方许多艺术家都曾绘制过大量的速写，其中不乏许多的建筑草图或建筑画。也正是这些富有灵性和创造性的构思与速写草图，才给今天的世界留下这么丰富多彩的宏伟建筑。这在许多世界著名的伟大建筑中都有所体现，无论是美丽的建筑外观，还是附属于建筑物之上的为建筑增添更多精神内涵的建筑浮雕造型，可以说都曾经绘制了大量的研究性速写。

速写作为一个词汇，《辞海》中曾有这样的解释："绘画术语，一般指在短时间内用简练的线条扼要地描绘对象形体、动作和神态的简笔画。其目的在于记录生活，反映现实，为创作准备素材，培养敏锐的观察力及迅速捕捉对象的表现力。"（图1）

在当今高度发达的现代社会中，人们越来越注重生活品质的提高。建筑不再仅仅是栖息居住、挡风避

图1　海德　英国

雨的实用场所，更是满足人们精神、心理、审美愉悦需求的精神家园。因此，在现代的建筑设计领域中，建筑与环境通过它们自身的形体与结构、色彩与装饰、材料与质感等呈现出鲜明的时代风格和艺术特征。建筑风景速写作为基础造型手法，成为艺术设计、环境设计、建筑设计、城市规划等必修课程之一。当今社会是一个信息化高科技发展的时代，电脑科技的运用已成为设计的主要手段之一，有人认为设计完全可以用机器取而代之，运用照相术、3DMAKESI、PUTUSHAOP 等软件完全可以取代人工的徒手绘制。那么，电脑能代替人脑吗？相信你们会说不能。因为我们都知道，客观的主体只有通过人的

情感反映到艺术创作中才能产生出伟大的作品，而电脑却很难表达出这样的感受。

由此可见，建筑风景速写在艺术设计和美术学中有着重要的位置。建筑风景速写是艺术设计和美术学锻炼自身建筑造型能力、收集专业资料的重要手段。作为艺术设计或建筑学中的必修课程，除了运用速写锻炼自身的建筑造型能力外，还要为本专业积累、收集大量的专业资料，而大量的建筑形象速写写生，可进一步培养敏锐的观察力和表现力。建筑风景速写能够启发思维想象空间，拓展想象力，有利于提高形象思维意识和空间表达能力，提高专业素养和艺术感觉。在对建筑物的描绘过程中，建筑实体具有明确的三维空间特性，形体结构和透视关系并存。把握建筑与环境的空间规律，会帮助我们在二维空间中重构三维空间的结构体现，提高空间透视、空间的比例与分割等造型要素的认知度，从而使我们掌握空间透视的基本规律，提高对建筑形象形式美的理解力和洞察力，增强艺术审美感觉，萌发和增加对建筑形象的创造力。

所以，了解建筑速写的有关知识结构与内容，将是今后的课程学习中必不可少的环节之一。

第二节 建筑风景速写媒介与技法实例

工具与材料是完成一幅艺术作品不可缺少的物质基础，而工具与材料的运用要基于对生活中建筑的认识，强调对建筑环境的体验与总结。当所选择绘画媒介的工具材料与自身所想表达的东西、所想用的语言相协调时，才能充分发挥工具材料最切合的效果，达到形式与内容的统一。

速写的工具几乎没有什么必须的限定，建筑风景速写可以按照自己的感受与需要，选择合适的工具与材料。以恰当的材料工具为媒介对建筑主体特征进行描绘与塑造，能为建筑与环境增加一定的艺术感染力。就如同一尊雕塑，选择白色大理石、木材还是青铜、钢铁等材质作为媒介所传达的视觉感受是截然不同的。所以，选择正确的工具能够增加作品的艺术感染力。

各类速写绘画工具丰富多样，有以铅笔、钢笔为主要工具的单色速写，也有以马克笔、水彩、水粉、油画为主的建筑风景色彩速写。速写工具最主要的是笔和纸，笔的种类最多，表现性也各具特点和优势，

图2 建筑 迪金森 钢笔 墨水 木炭 铅笔 粉蜡笔

如铅笔更宜表现轻重虚实，易改易擦；钢笔则黑白线条对比分明，效果肯定而突出，但不宜修改；马克笔由于其自身的携带绘制方便并能简练地表现出简单的色彩感受而被运用。习惯上，由于单色类工具便于携带，在基础造型训练的速写中最常被运用。现实中，我们需要熟悉不同的工具以及由于绘制媒介的差异所带来的不同画面表现效果，这可以使我们在表现和表达中运用自如（图2）。

一、笔类

1. 铅笔

铅笔是最简易而方便快捷的工具，可擦可改，运用自如，信手拈来，挥笔可就，所以，几乎没有设计师能离开它。铅笔是建筑速写中最为多见的笔类工具之一，它以丰富的表现性而在速写中最为常用，是从初学者到艺术家普遍使用的媒介工具。

铅笔按笔芯的软硬程度分类，B类代表软铅，分别为B~8B，数字越大，铅芯越软，在建筑速写中常

用此类；H代表硬铅，数字越大，铅芯越硬。在风景速写中可根据自己的习惯选择铅笔，一般选择一支较软和一支中性的就可以了。

掌握铅笔的性能对建筑速写表现有着重要的意义。笔尖由立至卧的用笔方法，也就产生了类似中国画中的中锋、侧锋的笔法运用，加之轻重提按的力度掌握，可以画出各种粗细、深浅、虚实各异的线条与块面。在建筑速写运用过程中，人们越来越多地感受到它丰富的表现性，尝试寻找不同的技巧更好地服务于建筑绘画及建筑效果表现图。于是出现了建筑风景表现中的宽线条铅笔画、单线线条铅笔画、明暗与线结合的铅笔画的技巧方式等。掌握单色铅笔的性能与表现方法是完成一幅速写作品的基本条件（图3）。

宽线条铅笔画的具体方法是把铅笔笔芯在砂纸上磨出一个椭圆形的横截面。由于笔锋的面积增大，绘制时出现的不再是细细的线条，而是占据一定面积的匀质的条形面。这样铅笔笔端上就有了几种锋形的变化，表现不同物象也有了相应的一般性的处理方法。运用宽线条铅笔绘制速写的关键是在于处理好不同情况下不同笔法的运用与组合，通过对铅笔笔锋的运用，可绘制各种形状各异的线条，表现力极其丰富，

处理得当可以提高绘画的速度，使画面增加灵活性和厚重感（图4）。

1. 由于宽锋是一个椭圆形的横截面，能够增加画面中面的感受，并方便快捷地表现砖瓦、房顶、暗部及阴影的形体特点，可增强画面整体性的视觉效果。

2. 通过椭圆形的窄边以及锋尖，可以画出富有变化的尖锋细线条，增加画面的棱角感。

3. 运用宽面与窄面的交替运笔、单线与韵致的宽线条结合，可产生丰富生动的笔痕，避免因线条雷同造成画面的单调与缺乏趣味性。

4. 通过不同的用力，使同一个面深浅不一，运用这种深浅不一、不同层次的灰色调条形面，对于建筑的体面结构和空间透视关系有着极强的表现力（图5）。

图4 宽线条铅笔与线条示意图

图3 古镇晨行 张丽 铅笔

图5 水边人家 孟鸣 铅笔

图 6 古巷之十 孟鸣 铅笔

图 7 韵语悄无声 张丽 铅笔

图 6 为宏村的建筑风景写生，以宽线条表现为主。墙壁运用宽线条笔锋表现建筑墙面与阴影，由于宽锋线条所塑造的明暗虚实关系，对于处于光影之中的古老建筑表现力突出而强烈，且可表现出建筑物的历史凝重感。

图 7 为单线线条铅笔画，以抽象出来的线条表现富有田园气息的乡村风景建筑，点线的组合与运用成为画面的主音符，线条的疏密对比与虚实处理使画面具有自然轻松与愉悦之情。

2. 炭笔、炭精条

炭笔也就是通常所说的木炭铅笔，笔尖可以削尖或削平，以求画出深浅、粗细、虚实各异的线条和块面，其使用方法与宽线条铅笔画的具体方法相似，但它比铅笔更加深黑，且无光泽，线条黑白色度强烈，有表现力丰富、沉厚突出等特点，但不宜擦改。

炭精条有黑色和赭色两种颜色，质地松软，易于着色，团块感强，表现效果厚重浓烈。但附着力弱，易脱落，需妥善保存并均匀喷涂定画液（图 8）。

图 8 暮春 张丽

3. 擦笔

擦笔为铅笔、炭笔、炭精条的辅助工具，易于表现暗部、投影及空远之处的背景，使画面模糊而空灵，含混而朦胧。擦笔只能作为修饰画面的某一部分，有时也可用手指擦拭画面局部，面积不宜过多，否则整体作品易脏而腻，笔触感弱，缺乏生动之气韵。

4. 金属硬笔类

图 9 桂林速写 孙彤彤 钢笔

图 10 速写之五 齐康 钢笔

图 11 钢笔线条组合

（1）单线条钢笔画

钢笔单线条能够明确表现建筑风景的轮廓与结构、形体与质感，合理运用单线条的疏密组织，可使画面呈现出更多的层次变化和节奏韵律。单线条容易抓住建筑物的内外结构关系，方便快捷地把建筑物的形体特点表现出来，因此，是迅速捕捉建筑物形象特点的最有效的方法。另外，钢笔类工具中由于笔头在制作时作了处理，使其弯曲，绘制时极易产生浓重的粗线条，调整笔头方向又可画出细形线条，灵活运用可增加画面的精细与豪放的对比，产生丰富的画面效果（图 10）。线条是钢笔速写的最基本的语言和造型元素，作品在进行刻画时，运用流畅的钢笔线条，高度概括出建筑的形体特征，并通过线条的疏密关系，突出塑造建筑主体，同时增强了画面的韵律美。

（2）点线组成的块面钢笔画

钢笔类工具具有以线为主的造型特点，但以各类线条组合或点组合而成的各种色调表现更为异彩缤纷（图 11）。比如，为了更好地表现建筑风景的光影、质感与空间氛围，可以运用各种不同方向长短的线条反复交叉形成丰富的色调，通过运用各类笔触和排线组合形成调子来完成风景建筑速写的形体塑造。这种画法能较好地体现光影效果和明暗强烈的对比。在学习过程中我们可尝试不同的手法加以表现（图 12）。

（3）线面结合的钢笔画

以线和明暗调子结合的钢笔画，要注意线与面的和谐统一。初学者最头痛的问题是虚实空间的把握和体感的塑造，线面结合的钢笔画远景物象宜简要概括，只用线来表现物象的外形；中、近景详细刻画，结构清晰，使其突出的部位更加突出。虽然我们不必

图 12 波特拉姆·格罗斯温诺·古德希 钢笔

图 13　罗马圣彼得教堂　陈新生　钢笔

图 14　杭州街景　夏克梁　马克笔　钢笔

要对某些局部作巨细无遗的刻画，但我们可以通过对某些关键部位强调便可达到丰富繁多的功效，线与面的结合容易产生较丰富的对比效果（图 13）。

5. 马克笔

马克笔是绘制建筑速写的一种十分便利的工具，色彩艳丽、线条圆厚而透明感强，是表现建筑风景速写的一种较新型的工具，由于笔本身的粗细及色彩有别，色阶丰富，所画线条可粗可细，变化较多，干的又极为迅速，是画家和建筑师常用的得心应手的媒介工具。

马克笔在使用过程中，由于运笔的快慢，亦可产生各种不同的绘画效果，类似中国画在宣纸上的顿笔与飞白效果，它能够明显地表现出笔触感与速度感，在实践过程中可灵活运用（图 14）。

6. 钢笔淡彩

钢笔淡彩及其他综合工具的运用：

线条包括铅笔线及各类硬笔线，如果在铅笔画上略施颜色叫铅笔淡彩，在钢笔画上施色叫钢笔淡彩。线条淡彩是一个古老的水彩画技法，它能准确地刻画建筑的形体结构和丰富的细节，在其速写作品上淡淡地覆盖透明的水彩色，色不掩线，互相补充，特别适用于表现建筑题材（图 15）。

图 15　蓝蓝的天　孟鸣

图 16　驻龙山风景　潘慧锦

图 17　宁波的教堂　孟鸣

随着建筑专业环境设计等学科的发展需要，拓宽了速写的表现技法，探索新语言与体味新形式成为建筑速写的另外表达语汇，如运用毛笔、水彩笔尝试建筑风景速写可产生不同的效果。虽然其携带与使用的不便在速写中不如其他笔类应用广泛，但对拓展表现技法有一定的启发与帮助，因此也可体味与尝试（图16、17）。

二、画纸与其他辅助工具

1. 纸

纸类的选择和画笔的结合相得益彰，在建筑速写中较为重要。许多人认为速写不需要考虑繁杂的工具，但事实上，画纸的选择可为速写作品增加其材质的魅力。就像法国印象主义大师德加的速写作品，许多就是在色纸上进行绘制的，它的确为某类题材的速写画增加了独有的感性色彩。比如同样是铅笔画，在光滑细腻与斑驳粗糙的画纸上绘制，手感不同，所画效果的笔触美感与光影美感也不相同。当然，这也要取决于笔类的选择。速写用纸如素描纸、绘图纸、复印纸可运用各类笔进行描绘；而水彩纸、宣纸、高丽纸则多用毛笔类等绘制。速写用纸，选用素描纸、新闻纸都可，现在市场上各种质地的速写本更能够满足画建筑速写的需求。

2. 橡皮与橡皮泥

橡皮在绘画中主要是作为修改、擦除工具，但是也能够起到丰富色调的作用或当做绘画工具。如在宽线条铅笔建筑风景速写中，能够减淡色调层次，也可以表现古旧建筑物上面的斑驳陆离的肌理效果和屋漏痕等。橡皮泥比橡皮用途更广泛，由于其可塑性能够

形成多种形状，而且不宜损伤画面，是修整和作画的理想辅助工具（图18）。

图 18　傣族村落　唐文

3. 定画液

用于喷在铅笔、炭笔画上固定铅粉的液体，可保护作品画面不被摩擦。注意喷射时最好在室外，要与画面保持一定距离，使其均匀散落，由于此溶液属于丙烯酸类，毒性较大，并应远离口鼻，以免吸入对身体造成不必要的伤害。

总之，在绘制建筑速写时不管是材料的选择，还是具体的表现技巧，展开想象的翅膀，发挥个体的创造性是非常重要的。此书将为你提供的是基本理论和经验，至于你自身所需要汲取何类营养，你可自己选择。当然，无论使用何种工具，重要的是我们想要创造出具有艺术形式感和富有表现力、感染力的作品。之所以熟悉与了解它，无非是使我们更加得心应手。

课题思考：

1. 熟悉掌握建筑风景速写工具的主要特点及表现形式。

2. 为什么说建筑风景速写在艺术设计和美术学中有着重要的位置？

3. 铅笔工具的主要特点是什么？

4. 钢笔工具的主要特点是什么？

5. 马克笔的主要特点是什么？

6. 擦笔在具体运用中应注意什么？

7. 水彩类工具运用的主要作用是什么？

第2章

建筑风景速写技能训练

本章要点
- 构图与建筑风景速写
- 透视与空间
- 建筑风景速写表现形式语言

第一节　构图与建筑风景速写

　　构图是美术学、艺术设计、园林规划、建筑设计、摄影、影视动画等所有视觉艺术必须研究的课题之一，是画面的组织形式，是造型艺术的专用名词。它是指作画者在一定的平面里或有限的空间中，对所要表现的内容进行合理的组织与建构，以形成具有形式美感和表达画者意图的特定画面结构。

　　构图在中国绘画中被称为"经营位置"，也称"章法布局"，此概念早在南齐时期谢赫的《六法》中就已经提出。在建筑风景速写中，构图就是把所要表现的景物通过某种组构形式，运用形体、线条、色彩、明暗的造型手法，通过一定的构想，构成二维平面中立体造型的一种结构关系。生活中，人们基于对形状的心理感悟与思维定势，如正三角形如一座雄厚的大山，具有一种坚固而稳定的心理感觉，从而总结出各种表达心理情感的构图形式规律。它将是我们在建筑风景速写中，面对自然环境的各个不同形状的物体与形态如何组构在平面的画面中首先需要考虑的问题。同样一件作品，建筑物与景物的布置与安排是否符合艺术美感的规律，构图是一幅作品成败的关键，因此，我们说构图是一种带有主观意识的创意和构想。

　　我们在建筑风景写生时，面对的自然景物有时是繁杂而纷乱的形象和结构，将不知道从何处下手，这需要我们"断章取义"，抓取兴趣点，对自己所想要表现的对象进行组织、构成、取舍等艺术加工，可以说这是一个再创造的过程。

图19　村头的树　孟鸣

　　村头的树以描绘民居前的树为主体，以富有动势的斜三角形的树作前景，与平静的村庄形成动与静、虚与实的构图层次关系（图19）。

　　首先，要求我们通过选择和对周围物体的细心观察，做到主题突出，主次分明，这样既可以锻炼概括能力，又可以避免过多刻画繁杂细节而使画面生气全无。其次，要处理好画面中的形式美感，以更明确地传达自己对世界的认识，使画面和谐统一。所以说，构图的过程就是经过思考与选择对画面作出适当安排的过程（图20）。

图20 风景 古卡索夫

一、建筑风景构图的基本要求

1. 观察构思，立意取舍

风景建筑速写不是自然景物的抄袭与照搬，必须做到有感而发，自然形态触动了作者的感觉，便有了构思。所以在作画过程中，多观察所要表现对象的特点，对于归纳建筑速写的构图与画面处理有重要的帮助。因为自然界中并非所有景物都秩序井然、天然入画，有些景物处于杂乱无章的环境中，有些景物则一看上去马上就可以引起画意，而有的景物初看时并不起眼，细细推敲却非常耐人寻味。因此，在写生时，一方面多观察，对于同一景点也应多选角度与视点，这样才能找到较理想的角度，更能体现建筑物的风格特点；另一方面要养成反复细致研究景物的习惯，找到相适应的构图表现形式和表现手段（图21）。

选景是建筑写生中的第一步，在繁杂的自然景物面前，我们要独具慧眼来确定所要表现的景物。既要发现其美感，又要表现出各自不同的理解和感受。因为每个人都带有个人的审美意识和表达倾向，因此在写生选景进行构图时，对于画面构成的处理可因人而异。同样的景，可产生不同的看法和理解，也就是相同的景可以引起不同的画意（图22、23）。可见，客观的景是随着主观的情而变化，这和个人的生活经历、品德修养、审美意趣有关。但总体来说，建筑速写的构图安排意味着选择和强调，在写生过程中应"删繁就简"、"意匠安排"。

图21 门前的街 孟鸣

图22 罗马万神庙 陈新生

图23 速写 齐康

2. 主题突出，中心明确

画面构图时首先要确立主题，即画面的中心部分。它是画面中最主要的部分，是最能体现画者感受并集中体现物象特征的主要景物（图24）。一幅作品如果没有主题就会显得杂乱无章，就像我们阅读一篇文章，它总会有一个主题内容加以描写。我们面对的是多维复杂的实景写生，往往要对所画景物进行分析判断。因为现实中的形体、色调与周围的事物交织在一起会显得杂乱，这就需要我们经过选择和判断，对主题建筑物及景色进行突出、强调，对从属事物进行虚化，通过位置的恰当安排，使视觉中心明确，达到突出中心的目的。在写生的过程中我们可以通过虚实、繁简、对比等方法使主题明确，突出画面视觉中心（图25）。

对景写生，如何突出中心，要求我们在落笔之前，面对所要表达的主题景物从不同角度上下左右多作观察。由于观察景物距离、角度、视高的不同，不但使观察到的景物本身产生透视空间的变化，同时亦使景物之间的层次关系产生变化。因此，这需要我们认真分析，对建筑物的选择要有典型性，尽可能找到最适合表达自己感受的角度来对建筑物主体进行写生。同时，因为建筑物千姿百态，风格多样，在观察选景确定画面中心时，既要从大处着手显气势，也要从小处着眼求变化，只有这样才能使主体与客体、主点与次点层次分明。同时，使我们在观察能力、分析和认识能力及表现景物的能力上都得到锻炼和提高。

图25 阳光下　孟鸣

3. 画面均衡，和谐统一

绘画的均衡感就像生活中老式的杆秤，两边的体积虽不同而分量是均等的，它与对称的天平相比而显得富有变化又充满生动的趣味。建筑风景构图中的均衡格局就是通过造型形象的塑造、明暗的对比、疏密的线条，以及色彩的冷暖、灰纯等对比与分布使画面达到一种均衡的视觉效果（图26）。就如鲁道夫·阿恩海姆曾说：平衡的艺术式样是由种种具有方向的力所达到的平行、秩序和统一。

现实生活中，对于左右对称的建筑物，每个人都会产生稳定的感觉。但建筑风景速写中一味地运用对称式构图经营我们的画面，会使得形式显得过于单调与呆板。对于环境中对称的建筑造型，我们可以从侧面进行构图描绘，也可以通过陪衬景物穿插、避让、掩映等打破绝对对称带来的呆板而缺乏生趣之意，挖掘感受建筑物在自然环境中所具有的多种魅力，它不仅仅具有对称式形式存在的庄严稳定感，角度的均衡处理会使它衍生出多种画面的组织结构形式，这就是体验出的老式杆秤中所带有的同量不同形的平衡式视觉均衡原理。

建筑风景速写中，我们通过画面中非对称的构图安排，同样能够使画面达到均衡稳定的视觉效果，且构图丰富而有变化。或运用图形形象，或运用点线面、黑白灰的疏密安排，营造出不同的分量感，形成

图24 小河边的树　孟鸣

图 26 威尼斯 谢洛夫

图 28 村中的海 孟鸣

图 27 周鲁潍 曲府孔林

图 27 中描绘的主体内容虽然采用对称式构图形式，但作者通过高低错落的处理，打破画面绝对对称的僵局，使画面活泼起来。这种平衡不是物理意义上的平衡，也不是简单的对称，它是力的均衡，是视觉上的相对均衡。

画面结构的相对均衡性，就像体操中所运用和寻找的是一种力的平衡（图 27）。

在学习过程中，分析与感悟优秀的绘画作品中的画面分割与处理是提高理解构图均衡感的有效途径。

4. 节奏变化，整体韵律

建筑风景绘画中的节奏变化是指画中所运用的语言符号所呈现的区别和差异，这种形象符号的差异性表现在造型时所使用的点、线、面、形状、色块等形式语言。这些符号有规律、有秩序地重复运用，便形成了画面的节奏感。但过多的重复语言的运用会使一幅作品缺少变化和生气，显得单调，就如钟表的摆动，无论如何也引不起情感的波动。音乐的美妙就在于它既有高低起伏的节奏与韵律，又有整体的或优美或高昂的曲调。对于绘画中的整体韵律，也是指有秩序的符号语言的变化，而无秩序的变化会导致画面的杂乱。所以说，变化与整体统一、节奏与和谐韵律，是许多视觉艺术所共同追求的形式美规律（图 28）。

建筑风景的统一性所强调的是画面中使用语言的一致性。它包含着绘画风格形式的统一和造型语言要素的统一，这种统一性铸造了画面的整体和谐。韵律是在整体统一节奏中的有规律的变化，在速写中，这就需要我们在选择角度的时候注意建筑物的错落和变化，从而增加画面的丰富性。在描绘画面时要注意表现手法的一致性，并归纳出画面的近、中、远景的层次关系、线条形象的疏密关系、明暗对比的黑白灰关系、色彩的冷暖灰纯关系等，韵律可谓是一种统一与变化的适度（图 29）。

图 29　纽约样克斯城内的一条斜坡　欧内斯特.W.沃特森

我们根据建筑物的不同特点和大小，使建筑物形成大小疏密、高低错落、远近虚实的对比以及明暗关系的对比，使画面统一而变化，具有音乐般的旋律美。

二、建筑风景速写的构图形式

关于构图形式，在很多的美术技法书中都谈得比较详细，为了便于理解，一般都把构图形式概括为几何形体或英文中某个字母的造型。从形状上分有三角形、长方形、方形、圆形等；从字母上分有"S"形、"H"形、"L"形，等等。不管是用什么样的构图形式，画面总的基本要求，一定要符合人的正常的视觉审美要求和审美标准。比如平行式、对称式、均衡式等。下面几种是常见的构图基本形式。

1. 垂直式构图

垂直式构图多以垂直平行线形成画面主要的结构形式线，并多采用竖形的纸张，它有利于突出建筑风景中物象的雄壮高耸之感，常用来突出建筑物的高大挺拔的外部与内部的形象特征。如现代建筑、古建筑中的高墙、古塔等以及内部造型空间中的高大厅堂等环境特点。

图 30　古巷之六　孟鸣

主体造型与构图为竖形垂直式构图，运用墙与门窗的竖形线的高低疏密变化，加强了小巷的纵深感，又丰富了垂线的结构特征，并体现了民居的高耸特征（图 30）。

2. 平行式构图

横幅的纸张以及以横形的结构线形的平行式构图，能够使画面形成宽广开阔的视觉效果，强化画面中所具有的平行造型和线条，对于表现海景、江河、平原或具有平静安宁的建筑群组时，能够传达出娴雅而幽静的气息（图 31）。

图 31　风景　卡拉莱托

图 32　鲁本斯

3. 对角线式构图

对角线式构图所形成的斜形结构动势线，使人产生不稳定的倾倒感，但正是这种动势使画面活跃而具有速度与运动的趋势，充满了力量感与方向感，就像表现跑步的运动健将，直立的躯体是无法表现急剧的运动特征，所以运用对角线构图的斜势，常常能够强化画面的动感因素，使作品更加富有活力（图 32）。

4. S 形式构图

以 S 线形为主的构图形式优美而流畅，是风景速写或园林设计中常用的构图形式。因其特定的曲线形式含义，使画面增加了自然、曲折、回转又具有流动感的意趣（图 33）。

图 33　列宾

图 34　格里斯克长街　荷加斯

格里斯克长街中的教堂虽处于画面的远景中，但通过长街两旁透视的辐射线，使教堂成为画面的视觉中心。

5. 辐射线式构图

辐射线构图在表现从中心向外围扩张的场景或建筑群组表现时被常常运用，既可突出中心又可强化辐射线向四周散射的动势结构，整体性效果鲜明。就像我们解析文艺复兴大师达·芬奇的《最后的晚餐》时，他科学地运用建筑内部空间的辐射的结构线强化了视觉中心。在建筑风景速写中，强化辐射线构图的视觉中心，既有利于增加画面的空间深度关系，还能够表现处于辐射线中的建筑结构特点（图 34）。

6. 框式构图

建筑中有许多拱券结构与圆形门窗结构，由于特定的视点与观赏角度，有些画家采用框式结构构图形式，把主要建筑与风景置于其中，整体关系层次分明、重点突出，虚化了画面中心之外的元素符号（图 35）。

图 35　速写　齐康

图 36　维拉·地奇的宫殿　安格尔

7. 三角形式构图

运用三角形正置时稳固、持久、坚定不移的形态特点，能够营造出建筑风景速写中最具稳定感的构图特征，适宜表现庄重威严的古建筑及具有此感的现代建筑环境，写生中常常运用三角形构图加强画面的持久感。

在构图形态图式的归纳中，由于斜三角形或倒置的三角形构图的心理影响，增加了画面中的不稳定性，同时使画面具有了活泼、运动倾向的形式内涵。

第二节　透视与空间

透视学是绘画的一门技法理论课，属于自然科学，是空间造型艺术的科学依据。熟悉与了解透视原理，将会使我们发现同一物体形态由于视点与视角的不同而呈现出多元的变化，看似熟悉的一切似乎又变得陌生了，于是西方的大师们相继书写了《绘画透视学》、《绘画论》、《透视学》等著作，并且将透视原理运用到他们的作品中。这不仅局限于绘画领域，它还渗透到建筑设计、室内设计、园林设计、城市规划、工业造型等各种领域。因此，人们开始研究透视的基本规律和法则，以及在各自领域中的科学运用问题。

在我们的视觉感官中都会有如此的经验，飞机在地面时非常的宽大，而飞离的越远，看上去越小，这说明随着距离的增加，物体看上去在按比例缩小。于是人们在表现空间距离感时，便运用这种近大远小、近高远低、近宽远窄、近实远虚的透视规律（图 37），它能够更好地表现物象的空间感、立体感及结构关系等。所以，"近大远小、近高远低、近实远虚"被归纳为透视最基本的规律，这也正是在作画时画好透视的关键所在，强调到位透视关系，将会丰富绘画语言的表现力，增强作品的艺术感染力。

图 37　风景　卡拉莱托

巧妙地运用透视原理能够加强画面的空间纵深关系，使二维空间演变为具有三维深度感的空间结构组织。所谓二维空间是指物体的高度和宽度关系，而自然世界的物体除了有高宽关系之外还有深度的结构形式，形成"体"的概念，而我们在平面的纸上表现物体，营造出深度的空间效果，就是运用透视在平面的纸上所形成的错觉达到三维的立体效果，表达建筑风景的空间距离感。巧妙地运用透视原理能够训练我们建立起三维性的空间意识，有利于表现物体的体积感并能够使构图别出心裁，使作品独具感召力（图38、39）。

图38　顶天立地　孟鸣

图39　南屏印记　孟鸣

图40　涅瓦大街　列宾

19世纪末俄罗斯巡回画派的代表人物列宾便巧妙地运用透视规律巧妙表现速写中的人物与街道环境建筑，画面的纵深感把握准确、空间关系表现到位，它得益于人物、路灯、建筑近大远小、近高远低、近实远虚的透视规律的合理运用与画面的灵活处理（图40）。

透视原理在建筑风景速写及其他艺术设计中被广泛应用，为了研究透视学，必须先掌握透视学的基本概念、名词术语等基本语言，以便于它在实际表现中的理解与运用。

一、透视学的基本概念

1. 概念

选取的物象在视觉角度的变化下，其形状、轮廓和高低大小发生了改变，便产生了近大远小、近高远底、近长远短等变化，我们把这种变化规律称之为透视。

图41　透视基本概念示意图

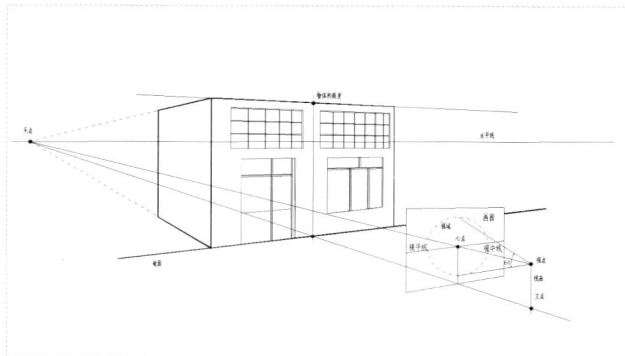

2. 名词

立点——作画者看物体所站立的位置（图41）。

视点——作画者眼睛所在的位置。

视高——视点到地面（立点）的垂直距离。

视线——视点与物体之间的假想连线。

视中线——自视点发出的无数视线中，视点与心点的连线，即视域中心线。

视平线——在画面上，与作画者眼睛同高，并过心点的水平线。

视角——任意两条视线与视点所成的夹角。

视域——视点固定时所能见到的范围，60°内为不易失态的舒适视域。

心点——视中线在画面上的垂直落点。

灭点——物体中，不与画面平行的诸线条在画面上的消失点。

余点——在视平线上，除了距点和心点之外的其他灭点。

天点——物体中的直线消失在视平线以上的某一灭点。

地点——物体中的直线消失在视平线以下的某一灭点。

二、透视的种类

1. 平行透视理解与表现

当立方体或其他物体中有一个面与画面平行时的透视称之为平行透视。由于这种透视只有一个消失点，因此也称之为一点透视。在平行透视的情况下，它明显的表现特征为：

图42 平行透视图

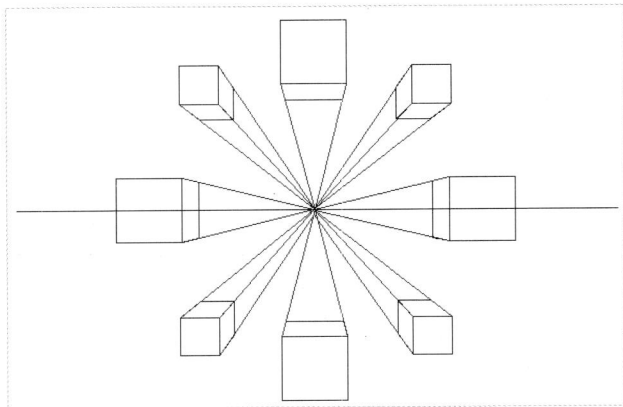

图43 风景 卡拉莱托

图44 水城威尼斯 奥斯特罗乌莫娃

图 45　雕塑与大理石门柱　门采尔

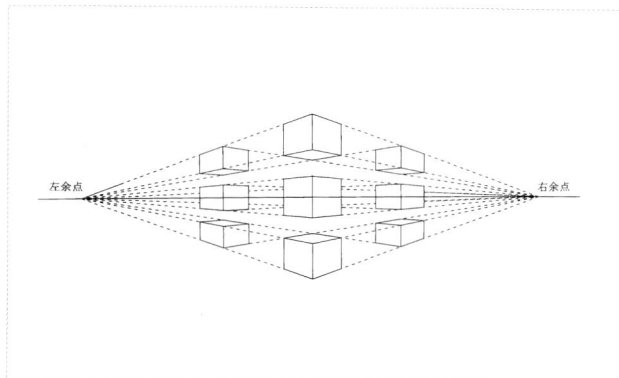

图 46　成角透视图

（1）水平线是平行于画面的原线，有近长远短的变化。

（2）垂直线画出来仍然垂直于画面，有近高远低的变化。

（3）所有向远处消失的线都集中在心点上。

2. 成角透视理解与表现

成角透视又称二点透视，是指立方物体中没有一个面与画面或视平线平行，且消失点有两个，分别是左余点、右余点，这种透视称之为成角透视。又叫做两点透视。成角透视是建筑风景画中最常用的一种透视形式。在成角透视的情况下，它明显的表现特征为：

（1）立方体的任何一面都不与画面平行。

（2）所有向远处消失的线分别集中在两个余点上。

（3）与地面垂直的线都平行于画面左右两个边，画出来都垂直（图46~48）。

图 47　陈新生

图 48　陈新生

3. 倾斜透视理解与表现

倾斜透视又称三点透视，是由于其消失点有三点，分别消失于天点、地点和视平线上，且画面中没有一个面与画面底边、画面垂线、视平线平行。多用于表现高层建筑仰视图、建筑屋顶与建筑道路或园林规划与建筑的鸟瞰图。倾斜透视的情况下，它明显的表现特征为（图49、50）：

（1）消失线分别集中于两个余点、天点或地点的其中一个点上。

（2）立方体的各面都不与画面底边或视平线平行。

（3）各面都将产生一定的透视现象。

图50　倾斜透视

图49　大教堂　康斯太布尔

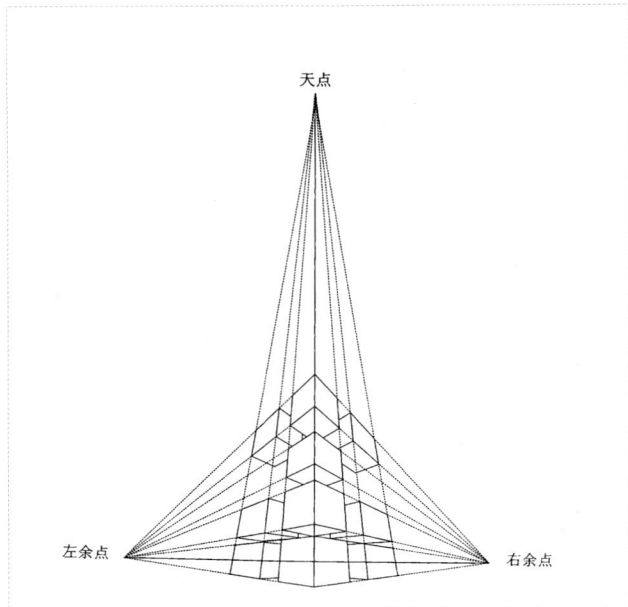

4. 圆形透视理解与表现

圆形透视也是建筑风景中常用的透视方式，在建筑中圆形廊柱、圆形门窗以及建筑内部空间的分割与装饰构件等都有广泛的运用。圆形透视理解是建立在对正方形的透视理解上的，它的表现特征为：

（1）圆形与画面接近垂直的透视圆越小，与画面接近平行的透视圆越大。

（2）圆形越接近视平线圆形图形形状越扁，离视平线越远圆形透视图形越圆。

（3）圆形如与视平线重合则透视变化为一条直线（图51、52）。

图51　圆形透视

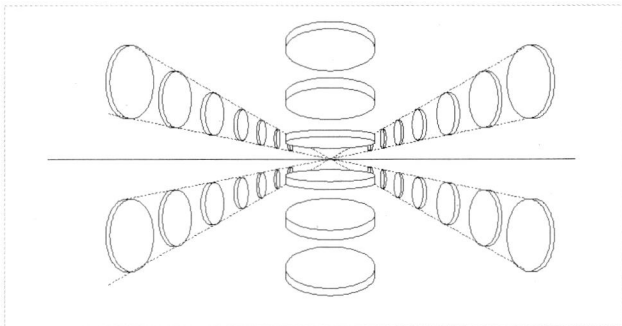

图 52　比萨主教堂　陈新生

图 53　袁运生

5. 散点透视理解与表现

散点透视是中国绘画中主要的一种透视方法，也可理解为目测透视法或移动透视法，中国绘画的透视有步步看、面面观的特点，是根据眼睛的位移而使视阈范围扩大，由原来的60°扩大至180°或更广，打破了焦点透视带来的局限，而是根据需要，灵活地组织构图与画面（图53）。

6. 空间透视理解与表现

空间透视即用明暗调子的深浅和远近而产生的透视变化，物体与视点越近明暗对比越强烈，越远则反之（图54）。

图 54　菩提树下的街头长椅　克里斯蒂安·马利

7. 色彩透视理解与表现

色彩透视是以色彩的纯度差异来表现其深度的，在画面上近则色彩纯度高，远则色彩纯度低或灰。

第三节　建筑风景速写表现形式语言

建筑风景表现形式语言丰富，我们可以大致概括为以线为主的速写表现形式、明暗调子为主的速写表现形式、线面结合的速写表现形式、淡彩表现的速写形式、装饰性速写和表现性速写形式等（图55、56）。

图 55　老房的窗户　席勒

图 56 阿鲁尔的桥 凡·高

图 57 新疆民居 孟鸣

图 58 济南的旧街 周维鲁

一、以线为主的速写表现方法

1. 以线造型

"以线造型"是指运用线条归纳物象的形态、结构特征、神韵特点的造型方法。线条是最简洁、最精练、最迅速、最明确的造型手段，是速写的主要表现语言。这在人类所创造的诸多艺术品中都不难发现与印证，原始人用凝练的线条记载着人类最早的艺术，也包含着最早的设计构想，法国拉斯科、西班牙的阿尔它米拉洞穴壁画，中国的原始彩陶、古老的象形文字以及古埃及壁画等都包含着线条造型的语言符号。更多的世界造型艺术都蕴涵着线条对于轮廓造型、艺术形态表述的迹象。

所谓以线为主的速写，也就是指造型的手段是以线条作为基本语汇，构成画面的形象，形成以线条风格为主体造型的速写作品。这就要求在作画过程中不再特别注重物体所呈现的色彩、明暗，而是注重提炼物体本身的内在形体结构与特征，抽象概括出线条的造型手法，其表现方法关键所在是要把握用线造型的一般规律，这其中也包含着作者的个性特点以及深层面的对艺术规律的体悟和理解。

2. 线条的形式语言

线条作为建筑风景速写中的最基本的语言，具有一定的概括力和表现力。看似单纯简单的线条，其实变化丰富，它不仅能够确定形体的造型轮廓、结构，也可以通过线条的穿插组织相应地表现色调、明暗、体积、质感。于是，即使是注重明暗、光影、色彩的西方绘画也有了轮廓线和结构线之说，那么，对于"以线造型"为特点的中国绘画，线被赋予了更多的表现含义，线描以"十八描"或更多的描法来表达中国绘画的审美情感（图 57）。

《济南的旧街》巧妙运用平视取景构图，通过房屋高低错落的结构透视关系的处理以及线条疏密的对比关系强化了济南旧街的建筑格局，使画面整体关系和谐，又由于细节的重点精心刻画，画面线条具有流动的节奏美。因此，对于以线符号语言的理解，我们不要只作为一种外在的单纯形式，重要的是运用这种语言表达好对主体造型或轻松明快、或简洁大方、或宏伟壮观、或秀丽明艳的心理感悟。（图 58）

第 2 章 建筑风景速写技能训练

风景速写中也常常以纯粹的线条表现客观景物的造型特征。注重线条在建筑风景中的组织穿插与变化，如长短、粗细、曲直、方圆、浓淡、虚实、疏密、强弱、刚柔、毛光、顿挫、徐急、迁缓等。能够增加画面中线条的表现性，注意这些对立统一的承载关系，是增强画面的节奏韵律与形式美的重要因素。

以节律的形式线可以增强线性速写的视觉张力，线除具备自身的审美形式外，线条之间的组合同样可以产生强烈的画面效果。不同方向线条的交叉组合可以带给我们有变化有层次的视觉感受；具体到风景建筑速写中，如何运用，或者说运用何种的排线方式则取决于你对客观世界的理解与感悟，以及你的个性风格和对画面的主观经营。我们可尝式对下面的分析来体会运用排线增强线性速写的表现效果的个案理解。

二、以明暗调子为主的速写表现方法

由于光的因素，使我们所看到的同一物体、同一色彩呈现出不同的深浅与明暗变化。在平面的纸上塑造三维的具有深度空间关系的形体造型，正是运用了这种明暗阴影关系。建筑风景速写中，运用明暗调子的对比表现建筑与环境所呈现的光影变化，可使建筑环境结构、造型、体积、空间表现得更加厚实凝重，光感效果丰富而精彩动人，就像山中的白云，使山变得更加光怪陆离而神秘莫测（图59~63）。

图60　城市风光　门采尔

图61　福山巷人家　姚波

图59　古巷口　孟鸣

图62　风景　卡拉莱托

29

图 63 农家小院 列宾

图 64 折断的白桦林 希什金

图 65 风景 周鲁潍

三、线面结合的速写表现方法

　　线面结合是建筑速写最为常用的艺术语言。既有准确、肯定的线的表现特征，又有加入色调关系使之厚实生动的明暗技巧特性。它是在用线的过程中或基础上，根据画面需要，对建筑与环境简要地施以明暗色调，表现对象的形体结构、空间质感的表现方法。

　　线面结合的速写，线条既可以作为单独的技法手段，快速而果断地抓取形象特征，确定物体轮廓，又可以用线条的不同方向的密集排列重叠而形成块面，烘托画面气氛，辅助轮廓结构线条确立完整造型，突出线与面的对比美感，使物体产生强烈的形体感和空间感。线面结合时要注意保留某些生动自然、体现结构穿插关系的结构线和轮廓线，调子关系不要太多，注重线与面的穿插和主次虚实的结合。巧妙的线面结合会使画面呈现出更浓厚的艺术气息。线面结合的手法以其绘制时的自由生动的特点是各种媒介材料都惯用的手法（图64~66）。

图 66 列宾

　　图66以线面结合的速写率真而生动，轻松的线条意笔草草地勾勒出物体轮廓以及小草与电线，在平直与谨严中增添了舒缓与烂漫的气息，而画面几处阴影的表达突出了主体的形态造型与光色变化，梯子与钟房浑然天成，木质结构与质感塑造的恰到好处，与远处木屋和教堂形成有趣的空间形式。

四、装饰性速写表现方法

从装饰性速写的词义中可以看出，它是对具体事物进行修饰、美化和加工。这也决定了建筑速写的整体风格、形式特征和艺术语言的装饰意味。它是对建筑风景进行概括、取舍、归纳、组合、重构的再创造，主观性更为强烈。要求在把握物象主要特点的同时，更加追求形式上的装饰特征。虽然建筑本身富含许多的装饰因素，但装饰性建筑速写以它更多的装饰造型语汇，如夸张、变形、抽象、简化和添加等手段达到独具特色的装饰效果。虽源于生活，却更带有一种理想化的表达方式与形式美感。

装饰性速写不以真实地再现自然物象为目的，是以自然物象作为速写的素材和依据，通过自己的艺术提炼与加工，使原形更为理想化和艺术化。

图67 皖南印记 贺丽

图68 装饰风景 李翠霞

图69 装饰风景 张丹

五、表现性速写与表现方法

表现主义是20世纪初西方的一个美术流派，是在第一次世界大战时在文学、艺术、音乐上的一种反叛运动思潮。表现主义的艺术家反对模仿客观现实，重视传达情感和内心世界的信息，在艺术表现上注重个性和主观的表达，在造型上追求扭曲、变形的美，努力地去简化或强化艺术表现形式，作品风格强烈而突出。这在西方的许多具有表现主义倾向的艺术大师作品中有所表现，如蒙克、康定斯基、凯尔系纳、克里姆特、席勒等。

表现性建筑风景速写中也正是源于这样的流派特征，它所强调的是个性语言的塑造，反对模仿客观现实，重视传达个人情感和内心世界的主观表达，所表现出的是一种自由绘画的形式，提取表现的是事物的本质特征，实际上这也是西方表现主义绘画的延伸。它拓展了基础建筑风景速写表现语汇和艺术视野，为今天的建筑风景速写注入多元化的思维方式（图70~76）。

图70 暗边的景色 法宁格

图71 树 蒙克

图73 街市与河流 格莱兹

图72 被捆起来的大厦 克里斯托

图74 在夏季别墅 穆萨托夫

图75 树 I 号 蒙德里安

图76 树 II 号 蒙德里安
图77 截枝柳树 蒙德里安

六、淡彩与其他绘画形式的表现方法

建筑风景速写习惯上用铅笔或钢笔等单色工具表现，是在于绘制的方便快捷，而画家运用淡彩绘制建筑风景速写，则是一种更为全面整体地搜集素材、积累建筑形象符号、表现建筑实体和渲染建筑与环境的造型手法。从广义上讲，它拓宽了速写的语言范围，更有利于表现这个多彩的世界和承载画家的情感寄托及审美取向。

所谓淡彩画法，就是先用钢笔或铅笔等单色工具画出对象的轮廓，根据需要画出明暗，然后再画上薄而透明的水彩。有时也可结合马克笔和彩色铅笔等。淡彩作为一种速写的表现形式，有它自身的语言体系，它与单色速写无论从立意构思还是从表现规律和方法上都有共性之处，也常常以钢笔线条作为构形的主要工具，不同之处，还要注重色彩的运用，掌握一定的色彩规律与色彩理论，如色彩的明度、纯度、冷暖等，并要确立和谐的色调关系，避免"灰"、"脏"、"花"、"乱"、"粉"等问题的产生，形成不同色调的对立与统一。

建筑风景速写的表现方法和形式多样，除我们常用的形式之外，综合材料的绘画语言也有待于我们共同探索和研究。

课题思考：

1. 什么是建筑风景构图的基本要求？

2. 构图形式的应用及它所产生的视觉效果是什么？谈谈你对选景和构图的理解。

3. 谈谈你对透视的理解以及透视对空间的表现作用？

4. 以线造型的表现形式应注意哪些问题？

5. 线面结合的表现形式有什么特点？

6. 什么是淡彩表现？

第**3**章

建筑物与配景的画法

建筑风景速写中建筑物不是孤立存在的个体，一般说来，它必须与周围的景观环境相互协调，才能成为自然环境中的有机组成部分，建筑风景速写作为一种空间造型艺术，也体现在它与周围环境的和谐关系中。因此，处理好建筑物与建筑配景之间的关系，研究它们的造型规律与表现技巧，了解不同建筑结构特点与自然环境的山石树木等组构关系，是完成一幅建筑风景速写的基础。如中国古代建筑的特点是最大限度地利用木质结构，从整体到局部，构件大都采用木质材料，它不同于西方的以石质材料为本体的建筑特征，又不同于现代建筑中新材料、新技术在建筑造型中的运用与体现。所以，面对各种风格的建筑与民居并对它们进行描绘，是需要有一定的学习方法与训练技巧。因此，对各种建筑与配景进行分解练习，这将更有利于你未来的学习与创作。

第一节　建筑画法

一、中国古代建筑

中国古代传统建筑的精髓体现在宫殿与坛庙、寺庙与古塔以及古典园林中。巧妙而科学的木构架结构，是中国古代建筑在建筑结构上的重要特征，它采用木柱、木梁构成房屋的框架，屋顶与房檐的重量又通过梁架传递到立柱，这种木框架式结构形成了一种独特的构件特征，也就是房檐下的一束束"斗拱"，这使得中国古代建筑呈现出独有的建筑特点。这也是在建筑速写中对于表现传统建筑重点刻画的局部细节之处，也是传达与表现古代建筑结构特征、功能、美

感的要素之一（图78）。它使建筑物上部庞大的屋顶变的轻巧活泼，神采飘逸，充满了灵动之美，在表现中要体现出这种木结构的穿插关系。除此之外，古代建筑中的屋顶起翘、出翘所形成的鸟翼伸展的檐角口的装饰性处理、屋脊脊端的雕饰以及屋顶各部分的柔和优美的曲线、建筑墙面的门窗等都有自身的审美特点。

因此，在表现古代建筑中要注意突出其建筑审美价值、传统文化，感悟不同建筑中体现出的气韵风骨（图79）。

图78　黑虎庙正门　吕红

图 79 岱庙御碑亭 孟鸣

图 80 风骨 贾红云

图 79 是岱庙宋天贶殿前的御碑亭，为了突出亭子和古代建筑的结构，将画面的右下角虚掉，更加突出了亭子的形象。

1. 屋顶的画法

由于古代传统建筑屋顶所含的视觉审美元素较多，建筑速写中常把屋顶作为重点描绘对象。屋顶作为画面整体中的一部分，在描绘过程中要根据画面整体关系的需要来确定其繁简程度。对于屋顶，《诗经》中有"作庙翼翼"之描绘，展现了古代建筑中的神情意趣。为此，屋顶中整体走势的大感觉以及与建筑的比例和谐关系是首要捕捉的，屋脊的势态、脊头的装饰、屋瓦的宽窄等都关乎建筑形象的塑造（图80）。在速写中可夸张取舍，注意主次、明暗、虚实、布白等在画面中的位置，以符合建筑风景中的整体构图需要。在具体描绘中，房屋在建筑风景构图中所处的近景、中景、远景的层次决定着屋顶的处理手法与深入程度（图81）。

图 81 角楼 陈新生

图82 龙脉 张丽

2. 门窗的画法

门窗是构成建筑物的最基本的元素，它丰富了建筑立面的色调，是建筑物精神之所在，如同人物头像中的眼睛一样，处理好了起到画龙点睛的作用。

传统的园林建筑以及古代的宫殿和坛庙建筑，门窗是非常有特点的。古代建筑物的特点是墙面大，窗小，玻璃的分块也小，一般不深入地刻画内部关系，只重建筑物外部和装饰物的细部表现。描绘时切忌将门窗画成一个平面的黑框，必须用变化的笔触，虚实浓淡的色调来画这个深色的方框。一般情况在光线的折射下，门窗上缘偏重，下端较浅，这样处理能较好地表现其深度感。需要提醒的是，漆黑一团的内部空间的孔洞描绘，需要用空间透视去理解它，这样就不会成为焖死一团，毫无通透感（图83）。

若视点较低需要对建筑门窗做细节的描绘时，装饰与纹理可做相应的丰富处理，成为画面中的密集之处。相比而言，屋顶的处理则要注意取舍，留出一定空白，使画面形成一定的节奏关系。关闭的门窗，似乎很容易找出和整体关系中对比的位置，而打开的门窗则需要表现出在墙体平面中的体积空间变化，可以依靠形体透视与光影变化来达到。

当然，在具体描绘中，即使同一角度，由于对建筑门窗的认识与趣味点不同，也会有个人不同的概括取舍的处理方式，但门窗处理的轻重如何，疏密如何，主次位置如何，要符合整体构图的需要（图84）。

图83 旧门 吕红

图84 大理双廊乡白族民居 唐文

3. 砖石的画法

砖石无论在建筑墙面还是地面上，不管是详尽的描绘还是轻描淡写，首先避免的是简单乏味、平铺直叙的表现。我们可根据各种不同石面的材质在整体建筑中的比例来确定其大小，从而抓住它的特征，避免把石块垒砌的墙面与砖头混为一谈。

表现不出它们的造型特点。建筑墙面不同材料与质地差异是建筑风格的表征之一，因此，在具体的描绘过程中，即使是概括成几块，也可以起到是以小见大的作用，体现出建筑风格的庄重崇高或自然清新。我们可以通过精细与滞涩的刻画来表现建筑物的历史内涵，也可以用轻松的笔法表现建筑的清秀淳朴，在这里，我们无论用何种手法去表现，是宽线条的明暗，还是以线条为主的排线，都要抓住问题的实质，形式服从于内容是任何艺术的规律所在。当然，在具体表现中，还应注意处理好墙面与砖石的虚实对比、砖石之间大小均匀的对比，砖石竖缝错开等具体细节（图85、86）。

图85　山西大院石柱　贾红云

图86　砖石画法（组画）　4幅

二、中国民居建筑

五千年的中华民族历史创造出辉煌的建筑艺术。民居建筑是人类历史最早、与人类生活最密切相关的建筑类型。我国是一个多民族的国家，民居由于地域分布广，又有不同的民族文化特点，它不仅体现出各时代、各地区高超的工程技艺，而且还包含着各自丰厚的历史文化内涵。

民居的画法与中国古代建筑既有共同之处，又有其自身的表现方式，在观察取景立意构思时都包含着统一的对艺术形式美的理解与传达。具体的表现，则要借助于建筑群体的有机组合，形式较为灵活。如在表现屋顶的时候，它更加自由宽松地表现着层次分明与错落有致的审美趣味，而无须体现古代建筑中的庄重与严肃，运笔之中体现的也是一种自然而然、浑然天成的审美境界。

民居中木构架建筑房屋在各地区都有一定分布，屋顶的外观形式几乎都有大小不同的飞檐，在具体表现上檐口不能画成一条直线，要有顿挫的变化；檐口的投影应色调浓重，其结构常被笼罩在深色调中，做到虚中有实。在描绘民居建筑时，不但要描绘其外在造型特征，还应体现视觉上所感受到的历史的沧桑和文化的厚重。北京四合院、江南水乡民居、湘西吊脚楼、山东民居、陕西民居、客家土楼等，有其自身的独特造型和独特风格。在此，我们仅以其中的几种建筑样式为例了解表现民居建筑中的一般规律与手法（图87、88）。

图87 湘西吊脚楼 孟鸣

图88 古巷之九 孟鸣

图89 徽派民居 庚庆雷

徽州古民居建筑以它的风格的统一性，造型的多样性，形式的艺术性而享誉海内外。它形式多样，总计约有十几种，如古城、古村镇、祠宇、寺庙、书院、戏台、牌坊、桥梁、塔、亭、堤坝等。像安徽的西递、宏村、南屏、歙县和江西的婺源古村落都是徽派建筑的代表地。

图90 清居 孟鸣

实用性与艺术性的完美统一,是徽州民居的典型特点。徽州古民居大都依山傍水,徽居的古村落街道较窄,白色山墙宽厚高大,并且有无数造型别致、风格迥异的月墙小楼,使徽居更富特色。灰色马头墙造型别致,民居中的砖墙与石墙无论用调子或线条表现都要注意体现墙体的块面关系。这种结构在青山绿水中,十分的美观,描绘时作者抓住徽派建筑的典型性特点。

三、现代建筑

在我们周围,既有高耸入云的摩天大厦,又有形态奇异、体量感不同的新型建筑。现代建筑体现了现代建筑技术的新成就,它不仅在建筑结构与材料方面突出了现代建筑的特点,如采用先进的钢结构体系,而且还采用铝板、钢化玻璃、瓷砖等作为建筑外表的饰面,并且具有现代化的技术装备(图91)。

1. 现代建筑的结构与造型特征

从造型上看,现代建筑结构简单,几何体块感强。表现上多以直线、斜线、不同弧度的弧线来表现建筑物的主体造型。可以通过流畅的线条,并结合建筑阴影来体现现代建筑的立体关系和装饰质感,表现玻璃、铝板、不锈钢、花岗石、大理石、陶瓷等材质的特点(图92、93)。

图92 建筑速写 陈新生

图91 马德里街景 陈新生

图93 陈新生

图 94 现代建筑 夏克梁

2. 现代建筑的整体与局部塑造

现代建筑中不论是大型纪念性建筑，还是商业建筑、城市住宅建筑，既要整体把握建筑物的透视变化和造型特征，又要注意画面中所要表现的主题形象，进行细节的体现。例如对于塑造造型简洁的大玻璃面的现代建筑来说，要善于用几何体的体面关系进行归纳，用笔要在整体关系中注意轻重变化与明暗变化，避免过多地表现玻璃而使画面支离破碎。而且有时只画外部结构是不够的，必须通过透明或反射来体现它内部的空间关系。

现代建筑中运用好透视、处理好配景的位置与建筑的关系，是表现高层建筑的重要方面。如行人车辆可以体现建筑物的高大挺拔，树木与绿化的自由线造型与现代建筑的直方特征产生一定的对比，形成虚实、方圆、大小、高低、动静的对比，打破了画面较为单一的格局，渲染了画面的气氛（图 94）。

第二节 树木画法

树木是建筑风景绘画的主要描绘内容之一，在许多的风景画中，均有以树为主题进行写生的，没有人能够回避大自然对我们的诱惑。在园林设计、环境设计、土木工程、建筑设计中也特别注重植物与环境的关系。

自然界中，树的种类繁多，形态各异；有郁郁葱葱、浓重幽深的灌木，也有高耸挺拔、苍浑健劲的古木；既有枝繁叶茂的杨、桦、梧桐等阔叶树，又有松柏等四季常青的窄叶树，还有盘旋环绕的木质藤本树

木。但对于我们来说，所要学习的不是作为植物学家去研究其分类、名称、生长环境，而是要研究它的造型形态规律，感受其勃勃生机所给予我们的生命精神与形态美感，找寻它与人类以及人类创造的物质环境的关联与融和。具体到现在的建筑风景表现技法中，我们将运用它烘托建筑主体，给建筑风景绘画增添更多的生机与活力（图 95、96）。

图 95 校园一角 孟鸣

图 96 阳光下的树 孟鸣

图 97 波兰农村小景 保罗·荷加斯

图 98 沧桑 孟传柱

图 99 树木画法（组画）

1. 树木造型归纳理解

要想通过画笔表现出自然界千奇百怪的树木，首先需要对所要表现树木的结构有一定了解，并观察总结它们的造型特征以及各部分之间的构成关系，如主干为最粗壮的形体，树叉从主干分支并连接更细的树枝，树枝也越分越细（图98）。

树木造型要从组织结构上归纳和理解。树木由树根、树干、树枝、树叶构成。进一步理解，需要我们观察和归纳出它们的形态特征，概括起来有球形、半球形、圆锥形、伞形及椭圆形等。无论我们用何种手法去描绘它，都可按照这种基本形体去观察、理解、组织和表现它。当然，重要的还是要把握好树的态势，这是塑造好树木生动特征的重要前提（图99组画）。

图100 袁运生

2. 树木造型表现方法

（1）几何体分析法与明暗画法

由于树木的枝繁叶茂常常使初学者无从下手，简单的解决办法就是用几何形把它分解、重构。首先观察树的整体外形与动势，确定它的比例与外轮廓，进而分解出树干为圆柱体、树冠为半球体或其他形状的几何体，然后进行前后穿插、掩映的层次组合（图101）。

如果表现立体的树，要根据受光部、背光部进行分区，确定轮廓，按照光影的亮部和暗部施以明暗进行塑造（图102）。由于树叶形态各异，描绘时可根据其生长规律来确定用笔的大小、方向，注意树冠整体中明与暗的关系层次，以侧锋用笔，笔触可以结合树叶的动势表现出丛状的形态。

图101 树木结构理解

图102 古柳树 欧内斯特·W·沃特森

（2）动势分析与侧锋点画法

在以线为主的速写方法中，表现冬季包括初春树叶稀少的树木时，常常用侧锋线或各种形状的侧锋点表现树木。表现中一定把握树的大的势态，也就是动势，当确定势态后，则线条的方向可多取与态势和大动式相协调的点线，并注意点线的浓淡与虚实，一般来说主枝线条易浓重些，细小枝条易淡，点线并要有整体疏密的经营组织，通过侧峰的点线表现树木的造型特征（图103~106）。一年之中，夏天的树冠生长茂密，而秋冬的树叶已凋零了许多，甚至已全部落掉，在表现这一类的树木时要注意树干的生长规律，点状的树叶要注意笔锋的方向，有宽窄疏密以表现树叶不同的透视形态以及整体树冠的外部形态，形态的特征是构成树木美感的重要前提。

图 105　树的习作　洛兰

图 106　四棵桉树　姚波

图 103　栅栏里的树　米哈伊尔·符鲁贝尔

图 104　树荫　希什金

3. 树木在建筑风景画中的表现

建筑风景画中对于树木的表现，就像人类与水的关系，密不可分，既能以建筑为主，树木只作为建筑的点缀或增加画面层次，又可以以树木为主体，建筑物为画面的客体辅助。我们置身于自然风景中，进行建筑风景写生，是通过画面传达我们对世界的感悟。主体与客体取决于画者的安排，所以，发挥你的想象，自由的构想，处理好树木与建筑的关系，是使画面勃勃生机的原发点（图107~110）。

图107　庭院小景　布歇

图108　速写　袁运生

图109　屋旁的丛花　希什金

图110　伦勃朗

第三节　山石画法

建筑风景画离不开建筑，建筑又离不开石头，石头是人类建筑活动最早使用的材料之一，所以有人把建筑称为是一部用石头写成的历史。正因为这样，我们今天所看到的建筑以自然环境中的山石树木为陪衬并相得益彰。无论是园林建筑中的假山奇石，还是旷野之外的山村民居，山石树木赋予建筑风景更多的诗情画意（图111、112）。

图111　古韵　庚庆雷

图 112　山村　孟鸣

古人曾对画石有"石分三面"之说，建筑风景中的山石以及石头砌成的房屋、土墙仍可按三面去理解它，也就是将山石理解为背光面、受光面和侧受光面，表现出石的立体形象。这样去表现它的空间结构与形态气势。再加之笔法的运用，根据山石的脉络层次、强弱虚实，刻画石头定会如疱丁解牛般成竹在胸（图 113~117）。

图 114　黄山莲花峰　孟鸣

图 113　山石画法（组画）

图 115　山雾　孟传柱

图 116　弗洛伊德

图 117　绝壁青松　孟鸣

图 118　云的画法

图 119　岩石海角　欧内斯特·W·沃特森

图 120　春季　列维坦

图 121　房顶的云　孟鸣

第四节　天空及云、水的画法

　　大自然的景色中最丰富而变幻莫侧的莫过于天空与水了，天空的表现是随着云层的高低、聚散而变化的，行云流水在自然中富有动感。虽然在建筑风景速写中对于天空的描绘非常少，甚至为了突出主题或构图的需要对天空表现弃而不画，但有时根据需要渲染气氛时也可加以描绘。

　　云的形态在高阔的宇宙空间中虽无定性，飘忽不定，变幻无穷。但云影相随，它毕竟是一些气团，在光的照射下有体积而又有明暗变化。只要我们注意观察，用几何形加以归纳与理解，或平直，或卷曲，或边缘不清，纤弱无边，或轮廓分明，敦厚有力，或形如馒头、如古堡、如棉絮与蓝天交相辉映，灿烂无比，或如海啸汹涌澎湃，气势无比。描绘时要注意其不同的形态与走向动势，多加体会（图118~121）。

"海如苍山"，在对于水的形态的表现时，就像表现连绵起伏的群山一样理解它，理解其褶皱的形体体面。我们的先祖曾经创造了丰富的表现语汇，在单色的建筑风景中运用笔法的差异，用飘逸的线条或线条组成的方向块面，便可形成水的势态。当然对于水平如镜或水波浪涌要加以分别处理，线条或舒或密，或长或短要加以感受。同时水中倒影的描绘也是增加画面的动态因素的手法之一（图 122~127）。

图 122　水的画法

图 123　水的画法

图 124　水的画法

图 125　鲁昂风光远眺　莫奈

图 126　水巷悠悠　孟鸣

图 127　水中树的倒影　萨夫拉索夫

第五节　人物、车船与其他画法

　　建筑风景速写中，主客体的和谐结合能够创造出更加完整的艺术画面。在以建筑为主的画面中，人物、车辆是作为一种配景出现的，其主要作用是衬托主体建筑，加强作品的生活情趣，或为营造画面的空间氛围以及构图需要而描绘的。如天安门前的石狮、华表、牌坊等，除具有象征意义外，在建筑群中又衬托出天安门的雄伟与高大。而作为风景建筑中的配景，既可以作为客体衬托主体，又可以反客为主作为风景中的主体描绘对象，作为独立的艺术形象，构成新颖别致的画面形式（图128）。

　　有船的风景把风景中的船作为主体描绘对象，运用线与块面的结合，精细地画出船与搭建的帐篷，构成富有浓郁生活气息的美丽景色。画面张弛有度，虚实分明，体现了作者敏锐的观察力和丰富的表现力。

　　人物动态的表现是表现好建筑风景速写配景的关键，在表现时要重点抓住人物重心，高度概括，抓好大的外轮廓线以及关键动态结构线。在处理时要简洁概括，即应抓住大的个体动态并要注意群组的表现规律。

　　车辆的表现也是建筑环境中的内容，尤其在现代建筑表现中，对于丰富画面内容，衬托高层建筑的高大耸立，增强现代都市气氛，营造环境氛围都起到重要作用。这就需要我们恰当地研究运用，有时是个体塑造，简练概括，结构谨严，有时是群组表现。注意车辆与车辆、车辆与人物的穿插与疏密结构关系以及在环境空间的透视关系。在表现时，用笔要果敢而轮廓分明，以表现车辆的坚实质感，更好地突出主体氛围（图129）。

图128　有船的风景　列宾

图129　莫斯科近郊　科科林

课题思考：

1. 中国古代建筑的主要特点是什么？

2. 屋顶、门窗、砖石的表现方法有哪些？如何表现？

3. 选择一种民居的建筑风格，分析它们的结构与特点？

4. 现代建筑的表现应注意哪些问题？

5. 怎样理解树木的结构？如何表现？

6. 如何表现配景中的人物、车辆与船只？

第4章

建筑风景速写写生范例

第一节 建筑风景写生绘画步骤

一、对景观察与分析构思

建筑风景写生面对的是繁杂多变、视野广阔的自然环境，我们遇到的第一个问题是如何取景，写生经验少的人往往是不知所措，更不知从何下手，写生中

图130 巷 庚庆雷

往往主次不分，构图不合理。因此对景写生时首先要做到有一个整体的立意和构思，选择能够激发我们兴趣的地方,突出画面的趣味中心（图130），使主题与客体的位置明确。在建筑风景的观察与分析过程中，视点高低的选择对表现同一角度的建筑物影响颇大，就如一位摄影师，你匍匐在地拍摄主体与站在一个架子上拍摄主体，画面会产生截然不同的视觉效果，以表现建筑为例，低视点的选择会突出建筑的宏伟与高耸，而不同视点高低的选择会营造出不同的画面形式感觉，我们在对景观察与分析构思时要认真思考，选择好一定的位置与视点。

二、落笔与构图形式

落笔意味着一幅画构图的开始，采取什么样的构图形式在落笔之前应该有一个基本的构思，比如是采取竖构图还是横构图，强化三角形的构图形式还是平行式构图形式线,这要求我们在写生过程中对表达的物象要有一个明晰的形态、空间关系概念，将复杂的物象整合成为单纯的、结构明确的形体关系，并使其秩序化。在落笔时还应该考虑主体与客体的关系，周边物体的取舍等，注意构图大小，如果建筑物过大，就会产生拥挤局促的感觉，反之建筑物过小，也会使画面显得空旷而不紧凑。

三、整体观察与表现

整体地观察与分析是获得艺术视觉美感重要前

图131　徽城市场一角　姚波

提，整体就是从物象的全貌来整体认识对象，只有看的整体，才能画的整体。我们可以通过对建筑与环境进行观察和分析，把它分解成两个方面：一是外轮廓，二是内部的形体关系。外轮廓通常指建筑物的基本形体结构以及大的体面转折关系和大的结构线，就像搭建一座楼房，首先做的也是要搭起它的骨架，才由大到小，由整体到局部完成。如同我们在远处看到一位熟悉的人是因为其整体外形特征而加以辨认，我们根据的是他高低胖瘦和动作特征来判定的，因此在建筑风景速写中首先要注重整体的框架结构，其次再进行局部细节的刻画，根据整体需要确定局部表现的深入程度及虚实疏密关系（图131）。

建筑局部的形体关系是指门窗、壁柱、屋顶、檐口和墙面上的装饰物等，他们都是由细小的线或者说不同的凹凸面组成，一般而言也要善于做大的归纳，思考他们在整体关系中的位置，也就是说，一幅画虽然是由若干个局部组成，但在写生的过程中，既要注意把握整体关系，使它有一个强有力的整体形象，又要注意局部塑造对整体的影响，毕竟整体不是简单的大体，当然也不要因为过多的细节刻画使画面失掉整体感。

四、细部刻画与主客体塑造

建筑风景速写中一般在确定好大的构图后从主体开始塑造，如在建筑为主体的细部刻画中，门窗、建筑装饰是重要因素，因此门窗、建筑装饰物以及作为

图132　斐索镇博恩多大街　欧内斯特·W·沃特森

凸显建筑比例的重要配景，是生动具体描绘支撑画面整体说服力的关键（图132）。对于处于画面视觉中心的建筑局部越是深入细致的描绘，越能体现出作者对画面整体与局部关系处理的能力。当然，在主体与客体关系的处理上还应该把握好虚实关系，我们可以通过对近景的屋顶瓦片、门窗等详细的描绘，使其成为画面的视觉中心，远处的弱化细节，使其处于从属的位置。总之局部细节刻画的强弱要服从主客体的整体需要，写生时要处理好它们在画面中的辩证关系。

五、整体调整与完成

调整完成是一幅画的最后阶段，中国画有"大胆落笔，细心收拾"之说，也就是说越是到最后的时刻，越应该精心地艺术加工与组织，通过对画面整体和局部的调整，使画面的效果更为丰富，主体与客体的关系更为明确，画面的艺术生命更加生趣盎然。在写生的过程中，只有处理好以上各方面的问题，才能将我们所描绘的对象得到比较充分和完整的表现，这需要我们不断地写生与思考，观摩与学习，积累大量的造型形式语言，并从生活中积累大量的经验。

第二节　建筑风景写生范例

一、铅笔画古老的桥的作画步骤

1.任何一幅写生,只要去画就一定有感兴趣的地方,在自然界中,物象的光影、色彩、造型结构都蕴涵着美的因素,把这些美的感受通过分析、理解、整合在画面中,就构成了一幅具有审美意义的绘画作品了(图133)。当我们面对一个繁杂的自然环境,在认真观察分析的基础上,首先确定要表现的构图形式,在画面上准确地确定下视平线的位置和透视(铅笔画可以在画面上淡淡地将视平线和物体的位置确定下来,钢笔画则不能,需要作者估计到每个物象在画面上的位置),然后动笔起稿。风景写生需要对自然环境提炼与取舍,要有整体的把握和概括能力,将复杂的物象概括成几何形体,这样便于理解与构图(图134步骤一)。如果有较强的写生能力,对环境的表现有十分的把握,也可以从画面的某一点画起并逐渐向周围扩展描绘以至完成。

2.从画面的主体物开始塑造,根据对景的感受,加大主体部分的表现,线条由深到浅,并根据物体的结构变化调整用笔的方向,线条的疏密、粗细、长短等。线条的本身具有很美的形式感,而且通过线的急缓、曲直、转折等反映出作者的情感,达到情景交融的境地(图135步骤二)。

3.主体物一般是放在画面的中心部分,是一幅作品中重点刻画的地方,其次是近景和远景的表现,近景要求画的概括,只要把物体大的结构、明暗转折表现出来就可以了,远景表现得要整体模糊,以表现出空间的目的即可(图136步骤三)。

4.整体的把握画面是画好一幅作品的关键,把画面中的每个部分排出一个主次顺序,就知道哪些地方应重点表现了。刻画好主体物以后紧接着画右下角的房子和远处的房顶(图137步骤四)。

图133　实景图片

5.深入刻画,收拾调整。将画面整体检查一下,对画面不够深入的地方还需要加强塑造,如房顶瓦片的阴影,石桥的质感,水中的倒影,窗子的结构,画面的空间感等。综上几个写生过程,画面的主次关系、虚实关系、空间关系等基本表现出来,写生的目的也就达到了(图138步骤五)。

图134　古老的桥　步骤一

图135　古老的桥　步骤二

图136　古老的桥　步骤三

图 137 古老的桥 步骤四

图 138 古老的桥 步骤五（完成）孟鸣

二、钢笔画上海城隍庙之街作画步骤

1. 用铅笔先淡淡地画出建筑物及街道的形象（如果对物象的表现有把握，也可以直接用钢笔画）。确定物象的位置、形态、基本结构、透视关系等（图140步骤一）。

2. 把物象的形态基本刻画出来。这几组建筑物比较高，采用了虚实对比的表现手法，把楼的上半部分交代清楚，虚化下半部分（当然也可以都画出来）（图141步骤二）。

3. 用针管笔由上至下准确地把物体形象表现出来，线条坚实挺拔。为了突出重点部分加强了阴影的线条，强化了墙面的对比关系。古老的沿街店面和牌坊与现代的建筑形成了强烈的对比，表现出了时空感（图142步骤三）。

4. 将人物、电线杆等物体画上，调整画面。线条的疏密、轻重、画面的空白都要处理合理，增加形式美感，更好地突出主体物的表现（图143步骤四）。

图 139 实景图片

图 140 上海城隍庙之街 步骤一

图 141 上海城隍庙之街 步骤二

图 142　上海城隍庙之街　步骤三

图 143　上海城隍庙之街　步骤四（完成）孟鸣

三、钢笔画临水人家作画步骤

1. 这是一组典型的江南水乡民居，房子临水而建，白墙黛瓦，小桥流水，诗情画意（图 144）。写生前先要整体地观察与分析，这是艺术获得具有趣味的视觉美感形象的重要前提，通过分析，全面地认识、理解对象，只有整体的比较，才能获得整体的画面效果。

这幅作品以左边这组房子为主体，房子高低错落有致，富有节奏韵律，从左上角开始起笔，依次向周边扩展，线条准确、肯定，切忌断断续续，描来描去（图 145 步骤一）。

2. 近景建筑是这幅作品的主要部分，线条疏密有致，长短结合运用。房檐和窗子的暗部略施调子，线条整齐有节奏，竖线垂直排列或斜线交叉，在变化中求得统一（图 146 步骤二）。

3. 将中景的桥体部分画出来。这个拱形桥在画中

占的位置虽然不大，是画面的视觉中心，体现出了水乡的特点，增强了画面的空间感，随即将远处的房子表现出来，远处的这组房子和石桥与左边的建筑相呼应，使构图浑然一体（图 147 步骤三）。

4. 建筑和桥在画面上是静止的，线条多采用直线，水巷两岸的树木参差不齐，线条多以曲线勾之，与房子的线条形成对比，水中的倒影波纹清晰可见，勾画自如，但要注意水纹的透视，近处的波纹线条宜长，远处宜短。近处线条活泼，曲线较多，远处则变化较小，线条宜平宜短。充实画面内容，点加左下角的树叶及点景人物，加强主要部分的塑造，使画面主次明确，调整完成（图 148 步骤四）。

图 144　实景图片

图 145　临水人家　步骤一

图146 临水人家 步骤二

图147 临水人家 步骤三

图148 临水人家 步骤四（完成）孟鸣

四、钢笔画上海外滩一瞥作画步骤

1. 选用竖式构图形式，用简单的线条确定建筑物的位置，注意透视线的角度，中景后面的现代建筑与前景的欧式建筑不甚和谐，构图时可以删掉。一般来讲，速写的表现方法可概括为：线描、明暗和线面结合等形式。用线塑造物象形态是最为常见的表现形式。线条造型可简可繁，既可寥寥数笔归纳物象，又可深入细致地刻画对象。

2. 从钟楼的主要部分开始描绘。在现实环境中比较高的建筑，上部分形体清晰，下部分虚弱，表现时上部分宜实，尽可能将窗子和墙体的起伏变化表现出来，建筑的上端概括表现即可（图150步骤一）。

3. 将左边一组建筑画出来，这座楼是画中的次要部分，描写时尽可能地整体概括（图151步骤二）。

4. 总起来讲这幅作品趋于三角形的构图，画面下端物象较多，线条较密，增强了画面的稳定性，人物与周围环境形成动与静的对比，同时与高大的建筑形成了鲜明的高低对比（图152步骤三）。

5. 调整画面。天空云的动势与垂直的建筑，既是呼应关系又是对比关系。审视画面的构图、主次、空间、透视、艺术效果等是否达到满意的程度，作进一步的调整结束（图153步骤四）。

图149 实景图片

图 150 上海外滩一瞥 步骤一
图 151 上海外滩一瞥 步骤二

图 152 上海外滩一瞥 步骤三
图 153 上海外滩一瞥 步骤四

五、钢笔淡彩苏州拙政园作画步骤

1. 在画面上确定视平线位置，然后从画面右下角开始画出长廊的形象（图155步骤一）。

2. 逐步向周围扩展并画完钢笔稿，因为是淡彩画的表现形式，物体的中间层次和暗部可以稍画或不画，基本上像一幅完成的钢笔速写，要注意线条的疏密和画面的空间感（图156步骤二）。

3. 选用透明性水彩色在钢笔稿子上敷色，着色的要点是以平涂为主、色彩透明、色不碍线、调子明快。钢笔淡彩可以画得很简单，几根线条，几块颜色就可以了，当然，也可以画的深入细致，这种表现形式，既能记录自然环境的色彩，又能作为独立的艺术作品欣赏，所以，它有较强的观赏性和实用性。着色的方法是由上至下、由亮至暗，侧重固有色的表现（图157步骤三）。

4. 刻画景物细部和暗影部分，加上人物，调整完成（图158步骤四）。

图156 苏州拙政园 步骤二

图157 苏州拙政园 步骤三

图154 实景图片

图155 苏州拙政园 步骤一

图158 苏州拙政园 步骤四（完成）孟鸣

六、水彩风景街道作画步骤

1. 从天空开始着色，同时涂上地面的颜色，注意色彩的上下呼应，从而确定画面的色调（图 159 步骤一）。

2. 画上近景树木的颜色，色彩偏暖偏重，表现出画面的空间关系（图 160 步骤二）。

3. 塑造出房子的体积感和远处树的色彩（图 161 步骤三）。

4. 画出房子的结构和房顶、门窗、树木等，加强近景部分的表现，丰富色彩关系，体现笔触的表现力度（图 162 步骤四）。

5. 添加树的枝叶，丰富画面内容，增加画面自然情趣，调整画面并完成。

（图 163 步骤五）

图 161　街道　步骤三

图 159　街道　步骤一

图 162　街道　步骤四

图 160　街道　步骤二

图 163　街道　步骤五（完成）　贝蒂·史契里姆

第**5**章

建筑速写
优秀作品欣赏

图 164　保华街的警署　朗纳希尔

图 165　阿拉莫旅馆　欧内斯特·W·沃特森
图 166　阿西兹圣·弗朗西斯科门内　欧内斯特·W·沃特森

图 167　风景　尼尔·维利沃

图 168　圣玛丽教堂　荷加斯

图 169　古老的房子　欧内斯特·W·沃特森

图 170　钟楼　卡拉莱托　　　　　　　　　图 171　迪南风景　西奥多·考茨基

图 172　故乡　椛岛胜一

图 173　风景　古卡索夫

图 174　风景　J・麦克伯尼

图 175　柳树与牧羊人　凡·高

图 177　树林　希什金

图 176　地铁出口　前苏联学生习作

图 178　带回廊的厅堂　马克·利奇

图 179　南京中山陵　孔维克

图 180　颜庙石牌坊　刘远智

图 181　泰山写生　孟传柱

图 182 速写 刘远智

图 184 宋守宏

图 183 速写之二 齐康

图 185 铅笔画 童隽

Church of Sant Agnese in Agona.

图 186　皖南村乡　姚波

图 187　南京鸡鸣寺一角　赵军

图 188　风景　杨义辉

图 189 昆明光华街 唐文

图 190 曲阜古城北门复圣庙 周鲁潍

图 191　河岸人家　孟鸣

图 192　古韵　孟鸣

图 193 木坑速写 孙彤彤

图 194 亚眠主教堂 陈新生

图 195 速写 庚庆雷

图 196　碛口镇一角　吕红

图 197　静谧　孟鸣

图 198　速写之六　孙彤彤

图 199　帕尔米拉遗迹　平山郁夫

图 200　船埠　约翰·雅得雷

图 201　红色的商店　狄普·爱德华·西格

图 202　石桥　格尔基·路塞尔

图 203　科可港市　约翰·派克

图 204　和平的村庄　福井良之助

图 205　基奥贾街景　荻须高德

图 206　街景　菲利浦·贾米森

图 207　海滨晨曦　李剑晨

图 208　诺夫高诺德　黄铁山

图 209　小街　宋守宏

图210 五台山龙泉寺 刘远智

图211 城外烟雨 刘风兰

图 212　洞庭民居　华宜玉

图 213　西递村　刘寿祥

图 214　河畔民居　张克让

图 215　冬晨　关维兴

图 216　早晨的阳光　孟鸣

图 217 水乡初春 孟鸣

图 218 甘南寺院 高冬